Desbloquea tu equilibrio

SEROTONINA

MANEJA TUS ESTADOS DE ÁNIMO Y EMOCIONES

Desbloquea tu equilibrio

--- **SEROTONINA** ---

MANEJA TUS ESTADOS DE
ÁNIMO Y EMOCIONES

PAIDÓS.

© 2025, Estudio PE S. A. C.

Desarrollo editorial: Anónima Content Studio
Coordinación editorial: Daniela Alcalde
Cuidado de la edición: Carlos Ramos y Daniela Alcalde
Redacción e investigación: Sandro Mairata y Micaela Arizola
Revisión científica: Laia Alonso
Diseño de portada: Lyda Naussán
Diseño de interior e infografías: Gian Saldarriaga
Fotografías: Lummi

Derechos reservados

© 2025, Ediciones Culturales Paidós, S.A. de C.V.
Bajo el sello editorial PAIDÓS M.R.
Avenida Presidente Masarik núm. 111,
Piso 2, Polanco V Sección, Miguel Hidalgo
C.P. 11560, Ciudad de México
www.planetadelibros.com.mx
www.paidos.com.mx

Primera edición impresa en México: abril de 2025
ISBN: 978-607-569-941-7

Impreso en los talleres de Litográfica Ingramex, S.A. de C.V.
Centeno núm. 162-1, colonia Granjas Esmeralda, Ciudad de México
Impreso y hecho en México – *Printed and made in Mexico*

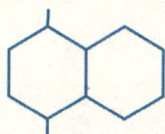

ÍNDICE

8
INTRODUCCIÓN
La química corporal

Las emociones
en el cuerpo **12**

El sistema endocrino
y el control de
nuestro organismo **14**

El sistema nervioso:
el descifrador de
estímulos **19**

Los neurotransmisores:
conexiones esenciales **21**

Las feromonas:
aliadas sutiles **24**

Otras alianzas
estratégicas **26**

Las hormonas:
emisarias eficientes **28**

El desorden de
los trastornos
hormonales **32**

La felicidad explicada
de forma orgánica **34**

36

CAPÍTULO 1

Serotonina: el secreto de la felicidad

¿Qué es la serotonina? **38**

La serotonina en nuestro cuerpo **46**

Efectos en el cuerpo humano **48**

Un caso para analizar **50**

Tu especialista de cabecera dice **52**

56

CAPÍTULO 2

La clave del equilibrio emocional

¿Cuándo liberamos serotonina? **58**

Relaciones químicas **61**

La importancia del intestino **64**

Un caso para analizar **66**

Tu especialista de cabecera dice **68**

72

CAPÍTULO 3

Cuando las alertas se disparan

Cuestiones de cálculo **74**

Factores de desequilibrio **82**

Test: ¿Serotonina
en equilibrio? **85**

Un caso
para analizar **90**

Tu especialista
de cabecera dice **92**

Test: Experto
en serotonina **110**

Tu especialista
de cabecera dice **116**

96

CAPÍTULO 4

Equilibrio y
bienestar

Serotonina
en balance **98**

Otros caminos
posibles **106**

El ritmo cardiaco
y la serotonina **108**

120

COLOFÓN

Creer
para crear

Doce pasos
hacia la química
de la felicidad **123**

Compromisos
para mi bienestar **136**

Acciones para
mi equilibrio **138**

Los seres que
elevan los químicos
de mi felicidad **140**

Tu especialista
de cabecera dice **142**

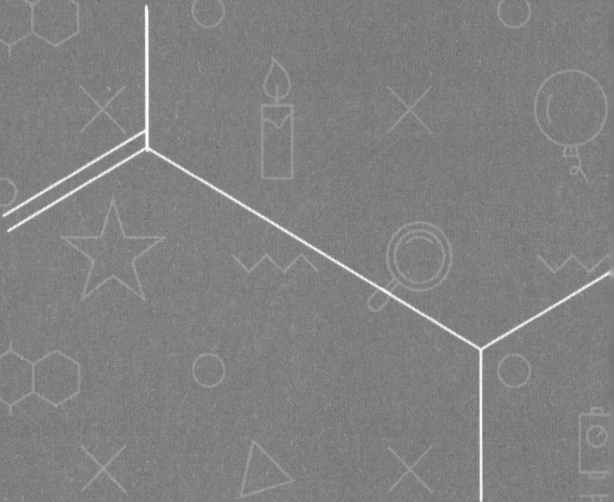

LA
química

CORPORAL

Esta colección es un manual para descubrir la fisiología y la bioquímica que te llevarán al camino de la felicidad. Es también una invitación a un viaje que desvela la relación entre lo físico y lo emocional siguiendo la ruta de seis hormonas (oxitocina, dopamina, endorfinas, serotonina, testosterona y cortisol) y los neurotransmisores que tienen un papel fundamental en nuestras emociones y salud mental.

Para comenzar, en cada libro definiremos los principales conceptos sobre la química de la felicidad. Luego, se describirá cada una de las seis hormonas y se explicará cómo actúan y los efectos que producen en el cuerpo. Además, encontrarás ejemplos prácticos sobre cómo estimular las hormonas y los neurotransmisores para mantener el equilibrio entre ellos. Así podrás cambiar tus hábitos e incorporar nuevas prácticas para un estilo de vida más sano y, sobre todo, para convertirte en una versión tuya más feliz.

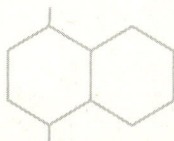

Las emociones en el cuerpo

Esperar los resultados de un proceso de selección de personal, sentir que el tiempo se detiene porque tu pareja no responde tu mensaje de WhatsApp o contar los días para emprender el viaje soñado con tus amigos son ejemplos de factores que probablemente te produzcan sentimientos de ansiedad y estrés. ¿Sabías que estas y otras respuestas emocionales se pueden manifestar en distintas partes de nuestro cuerpo? Partiendo de esta idea, un equipo de científicos finlandeses creó el mapa corporal de las emociones humanas.

Las emociones nos permiten adaptarnos a diversas situaciones, protegernos de amenazas y relacionarnos con otros seres.

En su estudio —realizado en 2013—, los participantes debían ubicar en qué parte del cuerpo sentían cada una de sus emociones. Tras este procedimiento, el grupo de investigadores descubrió que la emoción no solo modula la salud mental, sino que también genera respuestas concretas en ciertas zonas corporales, independientemente de la cultura a la que el individuo pertenezca. Estas reacciones son mecanismos biológicos que nos enseñan la conexión de la mente con el cuerpo. Cada emoción viene con su propia manifestación física.

Según este mapa, las dos emociones que generan respuestas más intensas, casi en todo el cuerpo, son la alegría y el amor. Por su parte, la depresión se percibe en el tórax, mientras que la ansiedad y la envidia se sienten en el pecho y la cabeza, respectivamente.

En ese sentido, el sistema endocrino es el encargado de traducir los estímulos y procesarlos en nuestro organismo. ¿Cómo? Mediante señales químicas que unas células, como las neuronas, transmiten a otras para influir en su comportamiento.

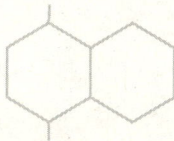

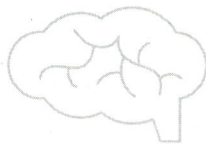

El sistema endocrino y el control de nuestro organismo

El sistema endocrino influye en casi todo el funcionamiento del cuerpo. Está compuesto por glándulas que producen hormonas, sustancias químicas que son liberadas directamente en nuestra sangre para que lleguen a las células, tejidos y órganos, de manera que ayuden a controlar el estado de ánimo, el crecimiento, el desarrollo, el metabolismo, la reproducción, el apetito y el sueño, entre otros. Las hormonas funcionan como mensajeros que comunican a las distintas partes de nuestro organismo la función que deben cumplir.

Las hormonas tienen un impacto directo en nuestra conducta.

Las hormonas pueden influir
en nuestro apetito.

Este sistema determina qué cantidad de cada hormona se segrega en el torrente sanguíneo, lo cual depende del nivel de concentración de esta y otras sustancias. Algunos factores como el estrés, las infecciones y los cambios en el equilibrio de líquidos y minerales de la sangre también afectan las concentraciones hormonales.

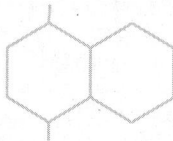

LAS PRINCIPALES GLÁNDULAS ENDOCRINAS

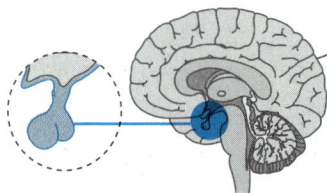

LA HIPÓFISIS

Se sitúa en la base del cráneo y se le considera la «glándula maestra», pues produce hormonas, como la oxitocina, que controlan otras glándulas y muchas funciones del cuerpo; por ejemplo, el crecimiento y la fertilidad.

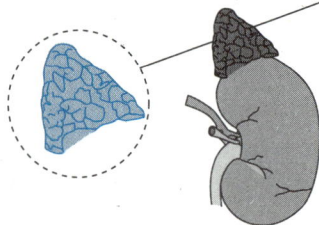

LAS GLÁNDULAS SUPRARRENALES

Son dos y se encuentran encima de cada riñón. Constan de dos partes: la corteza suprarrenal y la médula suprarrenal. La corteza segrega unas hormonas llamadas corticoesteroides (como el cortisol), implicadas en los procesos inflamatorios y en la regulación del sistema inmunitario. Por su parte, la médula produce catecolaminas (adrenalina, noradrenalina y dopamina) y es la responsable de generar respuestas frente al estrés.

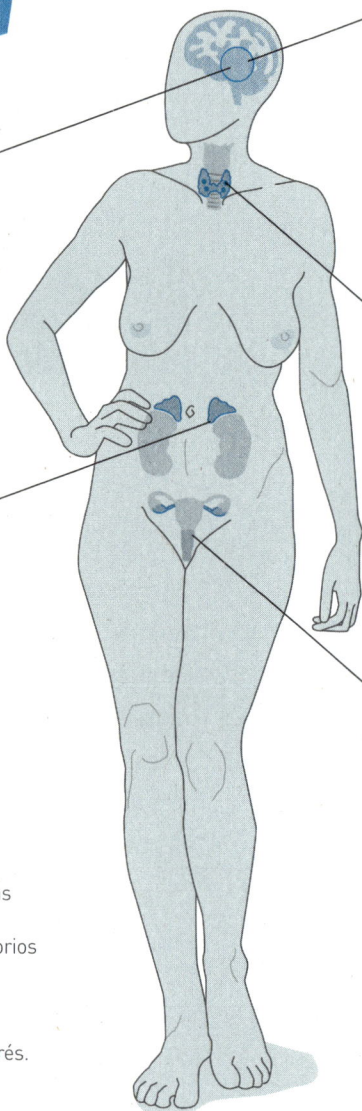

EL HIPOTÁLAMO

Se encuentra en la parte central inferior del cerebro y recoge la información que este recibe, como la temperatura que nos rodea, el hambre, el sueño, las emociones, etc. Luego, la envía a la hipófisis, uniendo el sistema endocrino con el sistema nervioso. Esto nos mantiene en homeostasis.

LA GLÁNDULA PINEAL

Está ubicada en el centro del cerebro. Segrega melatonina, una hormona que regula el sueño.

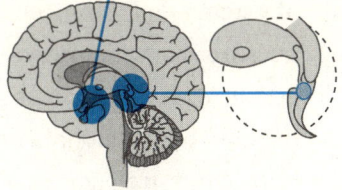

LA GLÁNDULA TIROIDEA

Se localiza en la parte baja y anterior del cuello. Produce las hormonas tiroideas tiroxina y triiodotironina, que controlan la velocidad con que las células queman el combustible de los alimentos para generar energía. Además, son importantes porque, cuando somos niños y adolescentes, ayudan a que nuestros huesos crezcan y se desarrollen.

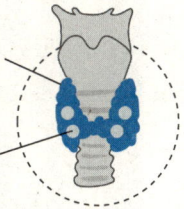

LAS GLÁNDULAS PARATIROIDEAS

Son cuatro que están unidas a la glándula tiroidea y, conjuntamente, segregan la hormona paratiroidea, que regula la concentración de calcio en la sangre.

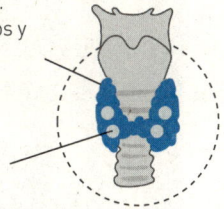

MUJERES HOMBRES

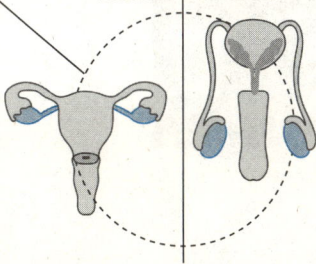

LAS GLÁNDULAS REPRODUCTORAS

También llamadas gónadas, son las principales fuentes de las hormonas sexuales. En los hombres, las gónadas masculinas o testículos segregan un conjunto de hormonas llamadas andrógenos, entre las cuales la más importante es la testosterona. En las mujeres, las gónadas femeninas u ovarios producen óvulos y segregan las hormonas femeninas: el estrógeno y la progesterona.

Cabe resaltar que el sistema endocrino no es el único involucrado en el trabajo de las hormonas, ya que este se relaciona estrechamente con el sistema nervioso. Nuestro cerebro envía las instrucciones al sistema endocrino, el cual «alimenta» con sus respuestas al sistema nervioso, que recopila, procesa y guarda esta información. Estos sistemas forman una relación bidireccional clave para mantener el equilibrio de nuestro cuerpo.

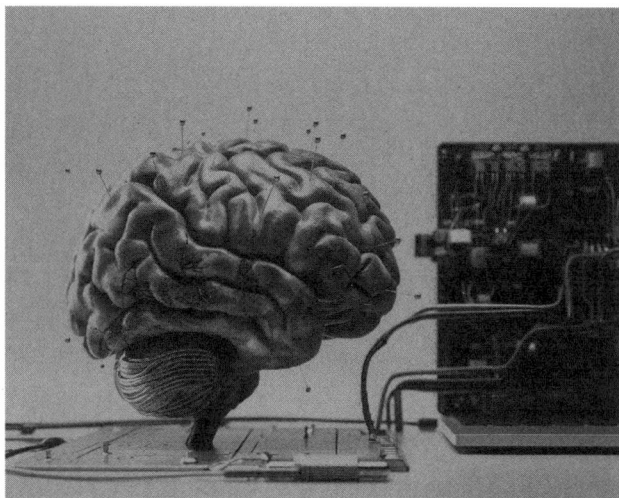

El cerebro es como el centro de operaciones de nuestro cuerpo. Envía las instrucciones para cada una de sus funciones.

El sistema nervioso: el descifrador de estímulos

El sistema nervioso es una red compleja de células especializadas, principalmente neuronas, que se encargan de coordinar y controlar las funciones de nuestro cuerpo. Se divide en dos partes principales:

- Sistema nervioso central (SNC): incluye el cerebro y la médula espinal. Es el centro de procesamiento y control, donde se reciben y analizan las señales del cuerpo y el entorno, y se toman decisiones para coordinar respuestas.

- Sistema nervioso periférico (SNP): está formado por nervios que conectan el SNC con el resto del cuerpo. Se subdivide en:

    - Sistema nervioso somático: controla las acciones voluntarias, como el movimiento de los músculos.

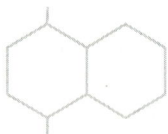

▨ **Sistema nervioso autónomo:** regula funciones involuntarias, como la digestión y la respiración. Este, a su vez, está conformado por el sistema simpático, que activa la respuesta de lucha o huida ante situaciones de estrés, y el sistema parasimpático, que promueve el descanso y la digestión, facilitando la recuperación del cuerpo.

Asimismo, el sistema nervioso hace posible la comunicación entre el cuerpo y el cerebro, asegurando que las funciones vitales y las respuestas a estímulos externos se realicen de manera eficiente.

Como sabemos, todo en el cuerpo humano está entrelazado. No hay sistema u órgano que no esté relacionado con otros. Este también es el caso del sistema nervioso, como veremos a continuación.

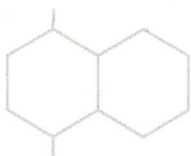

Los neurotransmisores: conexiones esenciales

Son las sustancias químicas que envían información precisa de una neurona a otra. Ese intercambio que sucede en las neuronas de nuestro cerebro es esencial para poder sentir, pensar y actuar. Esta sinapsis o conexión que se establece entre neuronas próximas da como resultado la regulación de nuestro organismo.

Si bien los neurotransmisores y las hormonas comparten muchas características, no son lo mismo. Una de las grandes diferencias entre ambos es que los neurotransmisores viajan a través de las sinapsis en el sistema nervioso central para comunicarse con otras neuronas y músculos, mientras que las hormonas se producen en las glándulas endocrinas —como el hipotálamo, la hipófisis o la tiroides— y recorren el cuerpo a través del torrente sanguíneo para llegar a los órganos.

En 1921, el fisiólogo alemán Otto Loewi descubrió la existencia de los neurotransmisores en el cerebro.

Existen más de cuarenta neurotransmisores en el sistema nervioso humano. Algunos de los más importantes son:

- Serotonina: conocido como el «neurotransmisor de la felicidad», tiene un papel fundamental en la regulación del estado de ánimo, el sueño y el apetito. También influye en el buen funcionamiento cognitivo, la memoria y la modulación del dolor.

- Dopamina: está vinculada con la motivación, la recompensa y el placer. Se libera cuando experimentamos satisfacción —como cuando comemos algo que nos gusta— y está relacionada con el proceso de aprendizaje y la memoria.

- Noradrenalina: desempeña un papel crucial en la respuesta al estrés y la regulación del estado de alerta, por lo que siempre está siendo secretada en pequeñas cantidades. Cuando necesitamos estar enfocados y atentos, este neurotransmisor es el responsable de preparar nuestro cuerpo y mente para afrontar los desafíos.

- **Adrenalina:** se libera exclusivamente en situaciones de estrés o peligro, en las que envía señales de alerta y nos prepara para la respuesta de lucha o huida, dando lugar al aumento de la frecuencia cardiaca y la presión arterial.
- **Ácido gamma-aminobutírico o GABA:** funciona como inhibidor del cerebro, ya que contrarresta la acción excitatoria de otros neurotransmisores, lo que genera un efecto calmante y mantiene en equilibrio nuestro sistema nervioso. Los medicamentos que son utilizados en los trastornos de ansiedad, como las benzodiacepinas, actúan sobre este neurotransmisor.

Si bien las hormonas y los neurotransmisores funcionan dentro de nuestro organismo mediante mensajes químicos entre los sistemas endocrino y nervioso, fuera del cuerpo trabajan las feromonas, que son señales para los miembros de la misma especie. Estas señales son interpretadas por nuestro cerebro y se desata como respuesta la comunicación interna hormonal.

Las feromonas: aliadas sutiles

Son sustancias químicas emitidas por la mayoría de los seres vivos para provocar respuestas en otros individuos de la misma especie, ayudándolos a comunicarse y organizarse eficientemente.

En los animales, las feromonas influyen en la atracción sexual, la delimitación de territorios, la identificación de miembros de la familia o la advertencia de peligro; mientras que en nosotros, los humanos, pueden afectar el comportamiento social y sexual de forma sutil.

Los tipos más comunes de feromonas en animales y humanos son:

- **De señalización sexual:** están relacionadas con el apareamiento y la atracción sexual.
- **De alarma:** son emitidas en situaciones de peligro o estrés para alertar a otros ante una amenaza inminente.
- **Territoriales:** sirven para marcar un territorio y evitar que otros individuos entren en él. En los animales, pueden estar en la orina y los excrementos.

- **De rastro:** ayudan a los miembros de un grupo de la misma especie a orientarse y seguir rutas establecidas.
- **Calmantes:** tienen un efecto tranquilizante sobre otros seres de la misma especie.
- **De agregación:** permiten a los individuos identificar a miembros de su propia especie o compañeros de grupo.

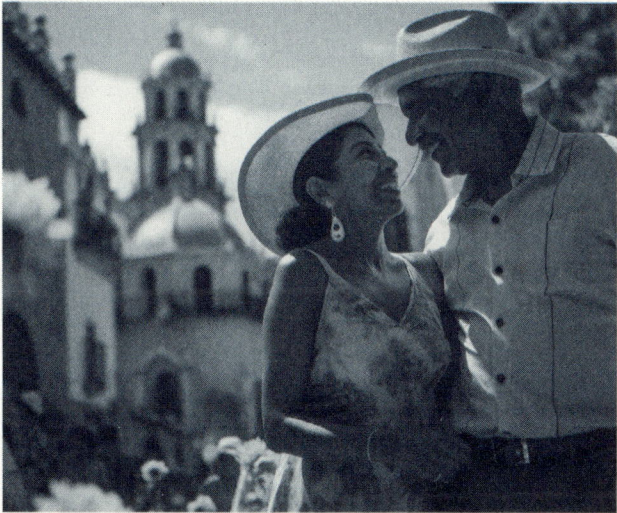

En una pareja, realmente existe una química que hace que se sientan atraídos el uno por el otro.

Otras alianzas estratégicas

El sistema endocrino es el principal protagonista en el trabajo hormonal. Se encarga de enviar información a las glándulas y órganos que elaboran hormonas para que estos, a su vez, las liberen en la sangre. De esta manera, llegan a todo nuestro cuerpo y los siguientes sistemas lo ayudan a realizar bien su trabajo:

SISTEMA ENDOCRINO

Elabora y libera hormonas en la sangre para que lleguen a los tejidos y órganos de todo el cuerpo.

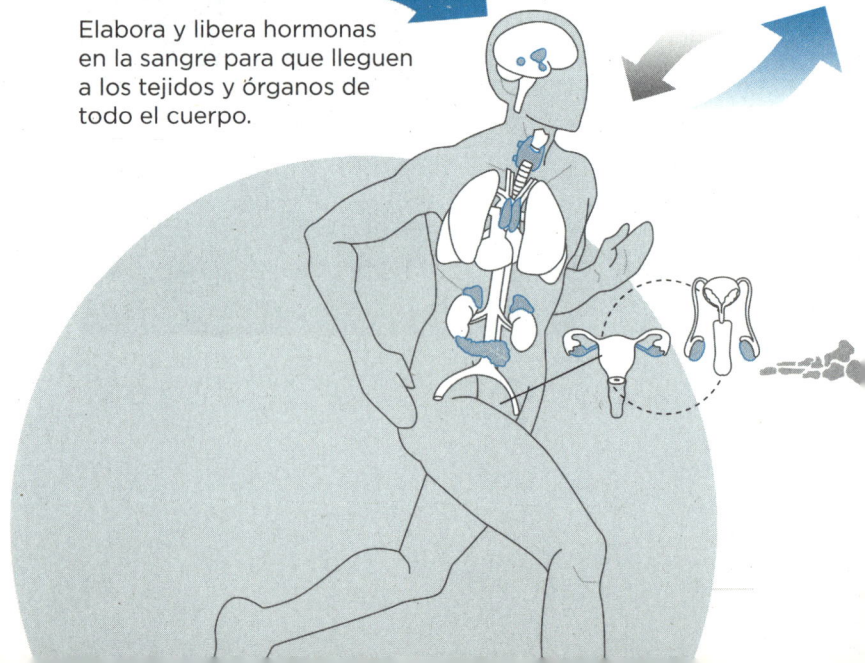

SISTEMA MUSCULAR
Facilita el movimiento del cuerpo, tanto voluntario como involuntario.

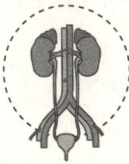

SISTEMA CIRCULATORIO
Transporta sangre, oxígeno y nutrientes a las células del cuerpo.

SISTEMA DIGESTIVO
Transforma alimentos en energía y nutrientes para el crecimiento y la reparación.

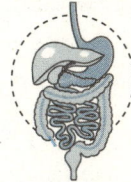

SISTEMA URINARIO
Filtra y elimina desechos del cuerpo y regula el equilibrio de líquidos.

SISTEMA NERVIOSO
Coordina las acciones del cuerpo mediante señales eléctricas y químicas.

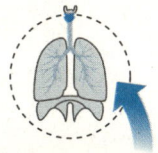

SISTEMA ESQUELÉTICO
Soporta y protege los tejidos y órganos del cuerpo, además de facilitar su movimiento.

SISTEMA RESPIRATORIO
Aporta oxígeno al cuerpo y elimina dióxido de carbono.

27

Las hormonas: emisarias eficientes

Son compuestos químicos generados por las glándulas del sistema endocrino que funcionan como transmisores de señales en nuestro cuerpo. Se desplazan por el torrente sanguíneo y son esenciales para preservar el equilibrio y la armonía entre nuestros distintos órganos y sistemas.

En cuanto a sus funciones principales, destacamos:

- **Regulación del metabolismo:** la insulina y las hormonas tiroideas controlan cómo nuestro cuerpo convierte los alimentos en energía.
- **Crecimiento y desarrollo:** las hormonas del crecimiento y sexuales, como los estrógenos y la testosterona, son clave para nuestro desarrollo físico durante la niñez, adolescencia y pubertad.
- **Mantenimiento del equilibrio interno (homeostasis):** el cortisol y la aldosterona nos ayudan a regular el equilibrio de sal, agua y minerales en el cuerpo.
- **Reproducción y desarrollo sexual:** los estrógenos, la testosterona y la progesterona

controlan el desarrollo de los caracteres sexuales secundarios y, según el sexo, regulan el ciclo menstrual, el embarazo o la producción de esperma.

- **Regulación del estado de ánimo y el comportamiento:** el cortisol y la testosterona influyen en nuestro estado emocional y los niveles de energía.

- **Respuesta al estrés:** el cortisol y la adrenalina preparan al cuerpo para reaccionar ante situaciones de estrés o peligro.

El funcionamiento adecuado de nuestras hormonas nos ayudará a lograr el bienestar y el equilibrio.

Cuando hay demasiadas o muy pocas hormonas en el torrente sanguíneo, se produce el desequilibrio hormonal y se desencadenan problemas de salud. Por eso, es esencial que haya un balance adecuado entre ellas para que funcionemos óptimamente y podamos evitar los siguientes efectos negativos:

- **Trastornos metabólicos:** un exceso o déficit de hormonas tiroideas o insulina puede generarnos hipotiroidismo, hipertiroidismo o diabetes.
- **Problemas emocionales:** un desequilibrio de cortisol o de las hormonas del estrés puede causarnos ansiedad, depresión o irritabilidad.
- **Problemas de crecimiento:** la deficiencia de la hormona del crecimiento puede ocasionarnos problemas como enanismo, mientras que un exceso provoca gigantismo o acromegalia.

- **Alteraciones reproductivas:** un desequilibrio en las hormonas sexuales puede causar, en las mujeres, infertilidad y problemas menstruales, mientras que, en los hombres, genera baja producción de esperma o disfunción eréctil.
- **Estrés crónico y fatiga:** un exceso de cortisol puede llevarnos al agotamiento, problemas de memoria y aumento de peso.

Debido a la importancia que tienen las hormonas para el organismo, su desbalance puede causarnos trastornos hormonales.

Si no se atienden a tiempo, los desequilibrios hormonales pueden desencadenar afecciones crónicas. Por eso, es importante cuidar el equilibrio químico de nuestro cuerpo.

El desorden de los trastornos hormonales

Los trastornos hormonales aparecen cuando tenemos un desequilibrio en la producción o función de las hormonas en el cuerpo. Algunos de los más importantes son los siguientes:

- **Hipotiroidismo:** ocurre cuando nuestra glándula tiroides no produce suficiente cantidad de dos hormonas tiroideas (T_3 y T_4). Entonces, se desregulan las reacciones metabólicas del organismo y se afectan las funciones neuronales, cardiocirculatorias, digestivas, entre otras.

- **Hipertiroidismo:** es un exceso de hormonas tiroideas que puede acelerar el metabolismo y, como consecuencia de ello, producirnos una pérdida de peso inesperada, acelerar nuestro ritmo cardiaco y predisponernos a un aumento de sudoración o de irritabilidad.

- **Diabetes:** consiste en la deficiencia o resistencia a la insulina, lo que afecta la regulación del azúcar en la sangre y nos puede causar daños graves en el corazón, los vasos sanguíneos, los ojos, los riñones y los nervios.

- Síndrome de ovario poliquístico (SOP): se define como el desequilibrio de las hormonas sexuales femeninas (exceso de andrógenos) y puede provocar la ausencia de la menstruación o ciclos irregulares.
- Insuficiencia suprarrenal (enfermedad de Addison): se origina cuando las glándulas suprarrenales no producen suficiente cortisol y aldosterona.
- Síndrome de Cushing: se produce por un exceso de cortisol en nuestro cuerpo.
- Acromegalia: sucede como consecuencia de tener niveles altos de la hormona de crecimiento en los adultos, generalmente debido a un tumor en la glándula pituitaria.
- Hipogonadismo: es la producción insuficiente de hormonas sexuales (testosterona en hombres, estrógeno en mujeres).
- Hiperprolactinemia: ocurre por un exceso de prolactina, regularmente causado por un tumor en la glándula pituitaria.
- Menopausia precoz: se trata de la disminución temprana de los niveles de estrógeno, generalmente antes de los 40 años.

La felicidad explicada de forma orgánica

Las hormonas y los neurotransmisores juegan un papel fundamental en la regulación de las emociones. Los desequilibrios hormonales pueden generar cambios de humor, ansiedad, depresión u otras alteraciones. Por el contrario, mantener un equilibrio hormonal saludable favorece nuestra estabilidad emocional y bienestar mental, lo que está ligado estrechamente con la felicidad.

Estas son las hormonas y los neurotransmisores claves que influyen en ella:

- **Serotonina**: sus niveles adecuados se asocian con la felicidad; no obstante, niveles bajos pueden conducirnos a estados de depresión y ansiedad.
- **Dopamina**: cuando realizamos actividades placenteras o alcanzamos metas, su cantidad se incrementa y esto genera sensaciones de satisfacción.

- **Oxitocina:** esta hormona aumenta durante el contacto físico, las interacciones sociales positivas y la formación de vínculos afectivos, lo que promueve una sensación de bienestar.

- **Endorfinas:** su liberación, a través del ejercicio, la risa y el sexo, nos hace sentir euforia y relajamiento.

- **Testosterona:** niveles equilibrados están asociados con una mayor energía y una mejor sensación general; mientras que niveles bajos pueden estar relacionados con la depresión y la fatiga. Cabe precisar que la producción de esta hormona en hombres y mujeres presenta rangos diferentes.

- **Cortisol:** su exceso nos ocasiona inestabilidad emocional, por eso hay que estar atentos para regularlo. Provoca irritabilidad, la sensibilidad está a flor de piel, lo que deviene en conflictos con otras personas o en sentimientos de angustia, tristeza o exaltación.

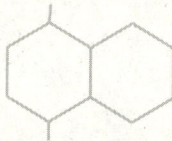

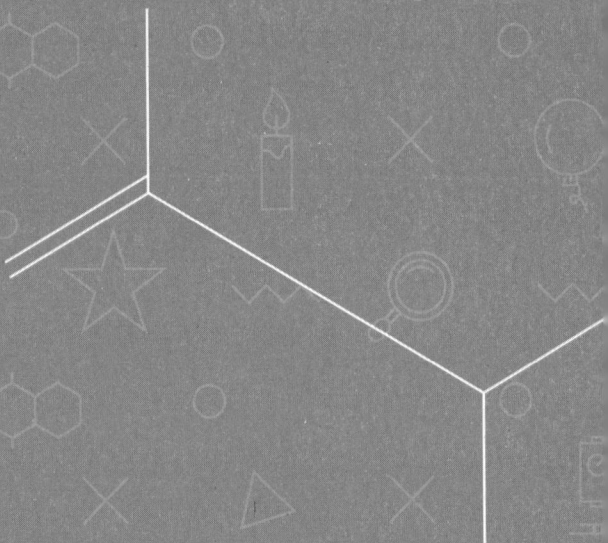

SEROTONINA: EL

secreto

DE LA FELICIDAD

¿Qué es la serotonina?

Es una de las sustancias más importantes que tenemos en nuestro cuerpo, aunque muchos la desconozcan e ignoren en qué aspectos resulta esencial. Si bien la serotonina ha sido conocida como «la hormona de la felicidad», también se trata de un neurotransmisor que se encuentra en el cerebro, en los intestinos y en las plaquetas sanguíneas, y actúa como un mensajero que lleva información de un lugar a otro.

La serotonina juega un papel clave en nuestro bienestar emocional; sin embargo, sus funciones van más allá. Si te corren del trabajo y tomas la noticia con calma, sin romper la carta de despido ni gritar a tu jefe, esto puede deberse a la estabilidad que te da esta sustancia. Además, gracias a ella puedes dormir con facilidad por las noches en lugar de estar dando vueltas en la cama porque no logras conciliar el sueño.

Este neurotransmisor actúa de manera silenciosa pero constante para mantenernos equilibrados. Incluso existen estudios que afirman que modula prácticamente todos los procesos del comportamiento humano.

Una labor permanente

A diario, la serotonina es una aliada que trabaja sin descanso para ayudarnos en varios aspectos de nuestra vida. Si presentas niveles adecuados de este neurotransmisor, sentirás más ganas de sonreír y te nacerá ser más amable y cercano con los demás debido a que mejora tu estado de ánimo. Por lo tanto, será mucho más difícil que alguien te saque de tus casillas.

Seguro has asistido a un *buffet* y te has encontrado ante esa abundancia de comida, postres, bebidas y bocadillos. Difícil no caer en la tentación, ¿cierto? Sin embargo, por más delicioso que sea lo que se nos ofrece, algo nos indica cuándo debemos parar de comer para no terminar con una indigestión u otros malestares. Es la serotonina que nos ayuda con esa sensación de saciedad.

Ante algo ocasional como golpearnos los dedos con la puerta, los niveles de esta sustancia en nuestro cuerpo determinarán cómo percibimos el dolor. Si son bajos, lo sentiremos más intenso, mientras que niveles normales o altos harán que resistamos más.

La serotonina es responsable de nuestro equilibrio emocional.

Más allá de los humanos

La serotonina también desempeña roles esenciales en los animales. Entre los invertebrados, como insectos o arácnidos, regula el movimiento y el comportamiento social; mientras que entre los vertebrados, interviene en el aprendizaje, la memoria y la expresión de las emociones. Además, estudios recientes han destacado que las cantidades de este neurotransmisor en el intestino afectan la autorregulación intestinal (homeostasis) y el sistema inmune de los mamíferos.

En cuanto a las plantas, la serotonina desempeña roles cruciales en su crecimiento, desarrollo y respuesta al estrés. En efecto, se le ha identificado en más de 42 especies vegetales, en las cuales regula la germinación de semillas, el crecimiento de raíces y la defensa frente a condiciones adversas como el estrés hídrico, que ocurre cuando la demanda de agua es mayor que la cantidad disponible. Además, la serotonina contribuye a la síntesis de sustancias esenciales para la supervivencia de las plantas en entornos hostiles.

Del mismo modo, este neurotransmisor también está presente en los hongos, donde juega roles significativos en su metabolismo y su capacidad de interacción con el entorno. Asimismo, investigaciones recientes han sugerido que la serotonina puede intervenir en las respuestas adaptativas de algunas especies fúngicas al estrés ambiental, y en el desarrollo de los micelios, que son estructuras similares a las raíces de las plantas y que resultan esenciales para la vida de los hongos.

La serotonina no solo actúa en los humanos. Ayuda a las plantas a sobrevivir en entornos difíciles.

¿Cómo se produce?

La hormona de la felicidad se origina en los intestinos y el cerebro. De hecho, alrededor de 90% de esta sustancia en nuestro cuerpo se encuentra en los intestinos, donde impacta en funciones digestivas como el tránsito intestinal y la absorción de nutrientes. Si bien puede resultar sorprendente, los intestinos son casi como un «segundo cerebro», ya que tienen millones de neuronas que controlan diversos procesos internos. Desde allí, la serotonina se libera al torrente sanguíneo y es captada por las plaquetas mediante el «transportador de serotonina»: una proteína conocida como SERT. Las plaquetas no sintetizan serotonina, sino que esta se almacena en los gránulos densos de las plaquetas y queda lista para ser liberada cuando estas se activan con la finalidad de facilitar la coagulación de la sangre.

Hay literatura que dice que la deficiencia de serotonina puede ser un factor relacionado con los trastornos intestinales como el síndrome del intestino irritable.

El otro 10% de la serotonina se produce en el cerebro, específicamente en los núcleos del rafe, grupos de neuronas situados en la línea media del tronco encefálico, que se encuentra justo encima de la nuca y cuya función es conectar al cerebro con la médula espinal. Ahí, la serotonina regula las funciones por las que es más conocida, como el estado de ánimo, el apetito y el sueño.

Este neurotransmisor no se puede consumir de forma directa como parte de nuestra dieta ni en suplementos o pastillas. No obstante, sí es posible incorporar a nuestra dieta alimentos ricos en triptófano que aumentan los niveles de serotonina. Otra opción, siempre que sea bajo supervisión médica, pueden ser los suplementos de 5-HTP (5-hidroxitriptófano), que se convierte en serotonina en nuestro cuerpo y se obtiene a partir de semillas de una planta africana conocida como *Griffonia simplicifolia*, la cual se puede usar como suplemento para combatir la depresión.

Cuidar nuestra salud intestinal es fundamental para nuestro bienestar emocional.

Un poco de historia

La palabra *serotonina* proviene del inglés *serotonin* y se forma a partir de los términos *sero-*, que significa «suero»; *tonic* o tono; e *-in*, que alude a «sustancia». En conjunto, es posible interpretarla como «el suero que está en la sangre». Esto se debe a que fue identificada por primera vez como un elemento del plasma de la sangre que hace que los vasos sanguíneos se estrechen.

En 1912, Maurice M. Rapport, Irving Page y Arda Green identificaron una sustancia en la sangre que era capaz de contraer o dilatar los vasos sanguíneos. Pese a que en aquel entonces no se identificó como serotonina, este descubrimiento sentó las bases para investigaciones posteriores sobre su papel fisiológico. Hacia 1935, el farmacólogo italiano Vittorio Erspamer aisló por primera vez una sustancia en el sistema digestivo de los animales a la que denominó enteramina. Esta sustancia, posteriormente, sería identificada como serotonina y esos estudios iniciales subrayaron su relevancia en la contracción de los músculos lisos.

Hubo que esperar hasta 1948 para que Maurice Rapport y sus colegas en la Cleveland Clinic aislaran la serotonina por primera vez en plaquetas humanas. Así demostraron que esta sustancia química era la que actuaba en los vasos sanguíneos y que habían observado con anterioridad. El término *serotonina* fue acuñado al identificar su capacidad para actuar en el suero y el tono vascular.

La investigación científica ha permitido conocer
la existencia de la serotonina en nuestro cuerpo,
así como sus múltiples funciones.

La serotonina en nuestro cuerpo

El neurotransmisor de la felicidad se produce en zonas muy específicas de nuestro cuerpo, pero sus beneficios se extienden a distintos órganos y sistemas que se detallan a continuación.

SISTEMA NERVIOSO CENTRAL (CEREBRO)

Ayuda a controlar el estado de ánimo y funciones clave como el apetito y la temperatura corporal.

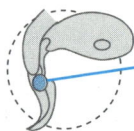

GLÁNDULA PINEAL

Durante la noche, se convierte en melatonina, la hormona responsable del sueño.

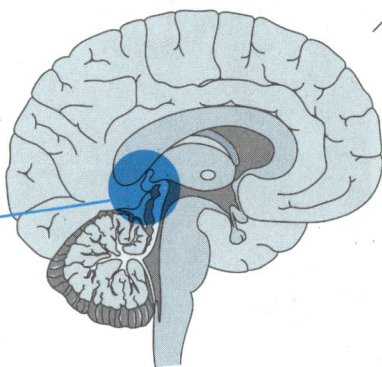

SISTEMA INMUNE

Contribuye a que las células inmunes actúen ante las inflamaciones de todo el cuerpo.

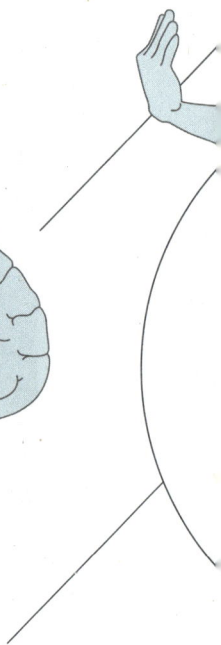

PLAQUETAS SANGUÍNEAS
Interviene en la cicatrización de heridas al ayudar a contraer los vasos sanguíneos.

SISTEMA ÓSEO
Influye en el desarrollo de los huesos y en el metabolismo óseo, es decir, el reemplazo de células óseas causado por el desgaste natural de los huesos. Puede provocar fracturas y osteoporosis.

TRACTO GASTROINTESTINAL
Regula los movimientos intestinales y la digestión.

SISTEMA MUSCULAR
Favorece el control de los músculos que nos permiten movernos y reaccionar a estímulos.

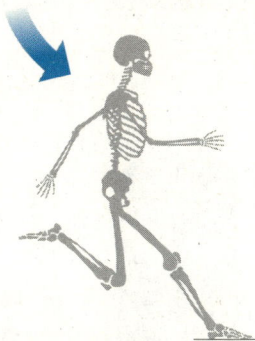

Efectos en el cuerpo humano

L a serotonina es muy sensible a los estímulos externos como el estrés, la dieta o incluso la exposición al sol. Dependiendo de estos factores o de la cantidad que producimos, las respuestas del cuerpo pueden ser positivas o negativas. Algunas de ellas son las siguientes:

RESPUESTAS NEGATIVAS

Puede generar depresión, ansiedad, estrés postraumático y otros trastornos del estado de ánimo.

Una deficiencia en serotonina puede disminuir la producción de melatonina, lo que dificulta la conciliación del sueño.

En niveles altos, puede causar diarrea, mientras que niveles reducidos pueden estar asociados con estreñimiento.

RESPUESTAS POSITIVAS

Produce la sensación de bienestar y felicidad.

Controla los estados de ánimo como la ansiedad o la calma.

Organiza el ritmo circadiano.

Mejora la calidad del sueño.

Genera la sensación de saciedad al comer.

Mantiene la temperatura.

Regula el apetito sexual.

Junto con la dopamina, mantiene a raya la agresividad.

Ayuda en el proceso de cicatrización de las heridas.

Acelera la digestión, así como la eliminación de los desechos del cuerpo.

Coordina los fluidos de los intestinos para mejorar la absorción de nutrientes.

Disminuye la sensibilidad al dolor.

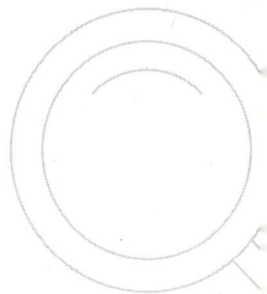

Un caso para analizar

Miguel, un hombre de 44 años, lucha contra la depresión desde muy joven. Actualmente, trabaja como gerente para una empresa prestigiosa y hace poco empezó a sufrir ataques de pánico. La combinación de depresión y ansiedad le resultó tan severa que, durante uno de esos primeros ataques, terminó temblando en el suelo de la oficina porque pensó que se trataba de un infarto.

Así comenzó una serie de viajes constantes en ambulancia desde su trabajo hasta una clínica cercana. En apenas seis meses, ya se había acostumbrado a acudir a la sala de emergencias ante la posibilidad de que ese infarto ocurriera, lo cual, por fortuna, nunca sucedió. Siempre terminaba siendo un ataque de pánico.

¿Qué le estaba pasando? Miguel transitaba por un círculo vicioso de estrés, depresión y ansiedad. Una crisis amorosa y las presiones propias de su cargo hicieron estragos en su salud emocional. Para colmo de males, su calidad de sueño también parecía estar afectada.

Pasaba largas noches sin dormir, dando vueltas en la cama de un lado para el otro.

Después de varias terapias, su médico le recetó un antidepresivo que mejoraba la recepción de serotonina en el cerebro. Al principio, no notó grandes cambios, pero, poco a poco, empezó a sentirse más tranquilo y menos abrumado por las preocupaciones.

A medida que los niveles de serotonina se estabilizaban, Miguel recuperó el interés por las actividades que solía disfrutar y se animó a salir más con sus amigos.

Y eso no fue todo. Algo tan simple como dormir ocho horas hizo que su serotonina recobrara el papel preponderante en su organismo y así Miguel inició una etapa de estabilidad, salud y productividad. Los ataques de pánico se redujeron de manera paulatina y, aunque no se fueron por completo, solo le ocurrían una o dos veces al año y en situaciones muy extremas, como picos muy puntuales de estrés.

Aquellos tiempos de ansiedad, noches de insomnio y depresión descontrolada están prácticamente en el olvido. Gracias a la terapia, el medicamento y una gran fuerza de voluntad su horizonte le augura un futuro de estabilidad emocional y paz mental. Y algo mucho mejor: nuevas formas de disfrutar la vida.

Tu especialista de cabecera dice

WAYNE DYER

Es conocido como «el padre de la motivación». Ha escrito cuarenta libros publicados a lo largo de 21 años, entre los que destaca el célebre *Tus zonas erróneas*, un clásico de la autoayuda, en el que comenta:

La serotonina es un reflejo de nuestro estado emocional. Al nutrir pensamientos positivos y amables, ayudamos a nuestro cerebro a producir más de esta sustancia que nos hace sentir bien

OLIVER SACKS

Fue un renombrado neurobiólogo y divulgador científico, cuyo trabajo sirvió de inspiración para el personaje interpretado por Robin Williams en la película *Despertares*. Tenía un particular interés por la serotonina y en *Alucinaciones* afirma:

Descubrí que la serotonina no solo regula el ánimo, sino que también afecta cómo experimentamos el tiempo, el sueño y la intensidad de nuestros sentidos. Es la chispa detrás de nuestra vitalidad

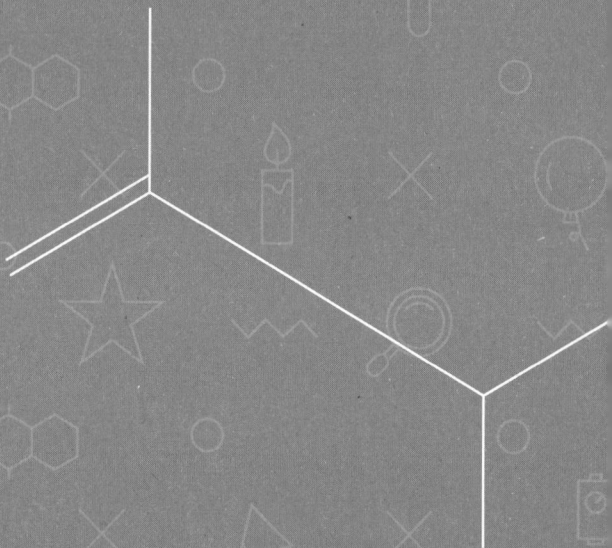

CAPÍTULO

2

LA CLAVE DEL

equilibrio

EMOCIONAL

¿Cuándo liberamos serotonina?

Segregar serotonina es una respuesta del cerebro ante diversos estímulos que recorren nuestro cuerpo; ocurre lo mismo con las otras hormonas y neurotransmisores «del bienestar», como la dopamina, las endorfinas y la oxitocina. En el caso de la serotonina, una combinación de actividades y hábitos en tu estilo de vida pueden aumentar su presencia en nuestro organismo.

Debido a que la serotonina influye en múltiples procesos biológicos, como ya se mencionó anteriormente, la variedad de situaciones en las que nuestro cuerpo la produce es igual de diversa. Una larga noche de sueño tranquilo, acostarnos a tomar el sol en la playa durante unos minutos, pasear a nuestro perro en una mañana soleada, degustar un plato delicioso en porciones adecuadas, tomar un baño de agua fría o bailar un rato al ritmo de nuestra música favorita. ¡Las posibilidades son demasiadas! Pequeñas acciones pueden ser los pilares de una vida plena. Manos a la obra.

Una vida en equilibrio

Se suele hablar de la importancia de incorporar hábitos sanos en nuestra rutina diaria por su impacto en nuestra salud física. Sin embargo, no está tan difundida su gran relevancia para el equilibrio químico de nuestro organismo ni de la manera en que esto influye en el bienestar emocional y la ansiada felicidad.

Como verás, la producción de serotonina —pieza clave del equilibrio emocional— está estrechamente ligada con acciones que, al margen de lo variadas que pueden ser, es posible englobar bajo el rótulo de «vida sana».

Ellos producen más

Las diferencias biológicas entre hombres y mujeres van más allá de lo físico. Existen investigaciones que revelan que los hombres producen aproximadamente 50% más de serotonina que las mujeres. Esto puede tener un impacto en la forma en que experimentan sus emociones y el bienestar. Por ello, las alteraciones en los niveles de serotonina afectan más a las mujeres y las hacen más propensas a la ansiedad, la depresión y la fibromialgia. No obstante, ten en cuenta que solo es una mayor predisposición. Este dato no indica que las mujeres necesariamente van a padecer estos problemas.

La alimentación es clave

Si bien llevar una dieta sana contribuye a la producción de varias hormonas y neurotransmisores, en el caso de la serotonina esto resulta indispensable. No olvides que el intestino es el responsable de segregar la mayor cantidad de esta sustancia en nuestro cuerpo. La relación es tan fuerte que problemas como el estreñimiento pueden impactar en nuestro estado de ánimo haciendo que nos sintamos de mal humor y hasta con pocas ganas de socializar. Así que ya sabes: piensa bien cada vez que estés por escoger lo que vas a comer.

Todo lo que comes puede tener un impacto en tu salud mental.

Relaciones químicas

L a serotonina no trabaja sola. En realidad, está estrechamente conectada con otras hormonas y neurotransmisores en el cuerpo.

Dopamina

Al igual que la serotonina, es un neurotransmisor ligado con el bienestar. No obstante, mientras la serotonina tiene funciones relacionadas con la estabilidad y calma, a la dopamina se le vincula con la motivación y el placer. Ambas trabajan juntas para que nos encontremos en equilibrio, pues demasiada dopamina sin suficiente serotonina podría ponernos agitados o ansiosos. En cambio, un exceso de serotonina sin dopamina podría quitarnos las ganas de hacer cosas excitantes, como deportes de riesgo o tomar decisiones que sabemos que podrían cambiar el rumbo de nuestra vida.

Oxitocina

La serotonina puede mejorar los efectos de esta hormona del amor y ayudarnos a sentir una mayor conexión y seguridad en nuestras relaciones. Esto significa que nos ayuda tanto a sentirnos bien por dentro como a fortalecer nuestros lazos con los demás.

Estrógeno

En algunas mujeres, las concentraciones de estrógeno, hormona clave en el sistema reproductivo, disminuyen la cantidad de serotonina que produce el cerebro, lo que significa que, durante ciertos momentos del ciclo menstrual —como la fase premenstrual—, esto puede contribuir a la irritabilidad, vulnerabilidad emocional y otros síntomas relacionados con el estado de ánimo.

Cortisol

Cantidades adecuadas de serotonina ayudan a amortiguar el estrés, reduciendo la intensidad de la respuesta del cortisol y promoviendo una sensación de calma en nosotros. En cambio, si los niveles de serotonina son bajos, los niveles de cortisol pueden elevarse y generarnos ansiedad y estrés.

Melatonina

La serotonina se convierte en melatonina cuando cae la noche y esta hormona ayuda a relajarnos y prepararnos para dormir. Sin suficiente serotonina, no podríamos producir las cantidades necesarias, lo cual es clave para evitar el insomnio y gozar de un sueño reparador.

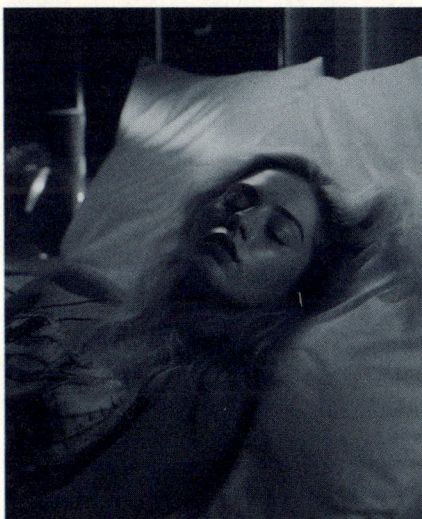

La serotonina y la melatonina actúan en alianza para asegurarnos un buen descanso.

La importancia del intestino

Sabemos que la serotonina influye en los sistemas cardiovascular e inmunitario y en la piel. Sin embargo, la relación que tiene en la interacción bidireccional entre el eje cerebro-intestino es clave para entender cómo los desequilibrios en sus niveles pueden afectar tanto la salud emocional como física, evidenciando la necesidad de una armonía emocional duradera.

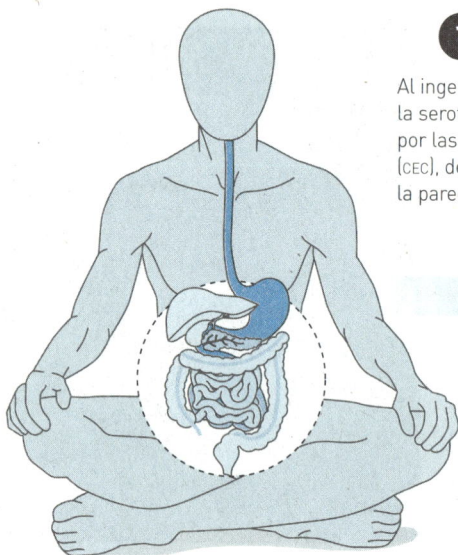

1

Al ingerir alimentos, la serotonina es liberada por las células enterocromafines (CEC), debido a que estimula la pared intestinal.

2

Se pone en marcha la motilidad intestinal.
Es decir, se activa la capa muscular a lo largo del tubo
digestivo y se producen las contracciones que hacen
posible la transportación de los alimentos y líquidos
a través del tracto gastrointestinal.

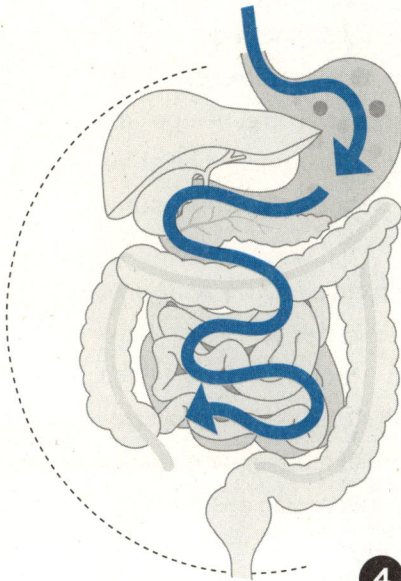

3

Durante el recorrido,
se descomponen químicamente
los alimentos y líquidos
mediante enzimas y ácidos
digestivos.

4

La serotonina también aumenta el flujo
sanguíneo a la mucosa del estómago.
Así, el cuerpo empieza a absorber
y transportar los nutrientes a donde
sea necesario.

Un caso para analizar

Durante meses, la vida de María Isabel era una espiral de cansancio, tristeza y ansiedad. Sin una razón clara, su ánimo se apagaba día tras día, haciéndola sentir atrapada. Al principio, creyó que era solo el estrés del trabajo o la falta de descanso, pero con el tiempo empeoró. El insomnio llegó para quedarse, y con él las noches en vela, la angustia y los cambios repentinos de humor.

Tras varias visitas a diferentes clínicas y realizarse innumerables exámenes y descartes, su médico llegó a un diagnóstico revelador. María Isabel no estaba simplemente agotada: sus niveles de serotonina estaban desbalanceados y ese era el motivo por el que su cuerpo parecía estar en guerra consigo mismo. A pesar de que al principio la noticia la abrumó, también sintió alivio. Finalmente, tenía una explicación y, lo más importante, una posible solución.

El plan no incluía pastillas mágicas ni soluciones instantáneas. El médico le explicó que debía aplicar cambios en su estilo de vida, empezando por su alimentación y hábitos diarios. Al principio, se mostró escéptica. ¿Cómo podía algo tan simple, como cambiar lo que comía, influir en cómo se sentía? De cualquier manera, decidió intentarlo.

El primer cambio fue su dieta. Añadió alimentos ricos en triptófano, un componente del que nunca había escuchado hablar, pero que era beneficioso. Además, adoptó el hábito de salir a caminar a diario, exponiéndose a la luz del sol. Esas caminatas, que al principio parecían forzadas, pronto se convirtieron en uno de los momentos más placenteros de su día.

El ejercicio también se volvió una parte fundamental de su rutina. Con hacer actividades simples como caminar, bailar o practicar yoga, comenzó a sentirse mejor. Con cada sesión, su mente se despejaba y, aunque al principio fue un desafío, pronto empezó a disfrutar de esas pausas activas.

María Isabel notaba pequeños avances. Primero, su sueño mejoró y su apetito comenzó a regularse. Ya no comía por ansiedad o tristeza, sino por hambre genuina. Y lo más importante: su ánimo se estabilizó. Esas montañas rusas emocionales que antes dominaban su día a día se volvieron menos frecuentes. Sentía una calma que no recordaba haber experimentado en meses.

Hoy, ella es un testimonio vivo de que cuidar el cuerpo y la mente puede cambiarlo todo.

Tu especialista de cabecera dice

ANTONIO DAMASIO

Es un afamado neurólogo y neurocientífico portugués cuyas investigaciones se centran en las bases neurológicas de la mente, especialmente en la relación entre las emociones, la conciencia y los procesos cerebrales. Afirma que:

> La serotonina es una antigua molécula de la vida, crucial para regular no solo el estado de ánimo, sino el delicado equilibrio entre acción y moderación, un equilibrio que define nuestra capacidad para coexistir en armonía

DAVID EAGLEMAN

Es un destacado neurocientífico estadounidense del Baylor College of Medicine, donde dirige el Laboratorio de Percepción y Acción, así como la Iniciativa sobre Neurociencia y Derecho. Esto dice:

> La serotonina actúa como un filtro que decide qué señales emocionales vale la pena procesar y cuáles no, ayudándonos a priorizar el equilibrio sobre la reactividad

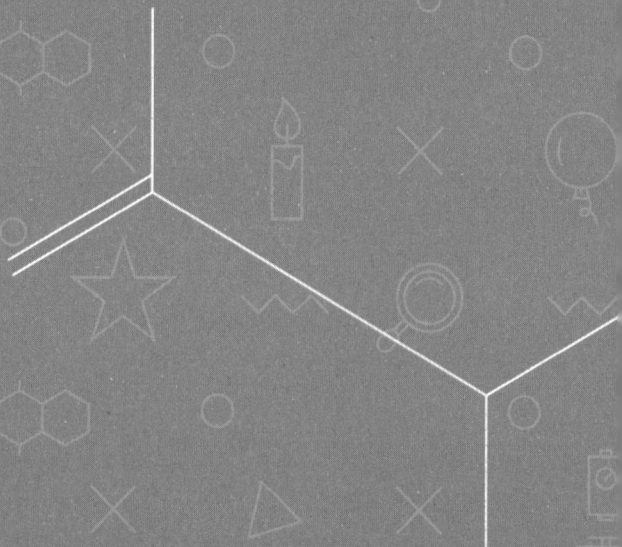

CAPÍTULO

3

CUANDO LAS

alertas

SE DISPARAN

DESBLOQUEA TU EQUILIBRIO: SEROTONINA

Cuestiones de cálculo

La serotonina es el motivo por el cual algunas personas parecen estar siempre alegres y de buen talante o acaso la misteriosa razón por la que unos días solo queremos quedarnos en casa sin salir de la cama. Esto depende de qué tan altos o bajos estén sus niveles.

Aunque no es común que vayamos pensando en cuánta serotonina tenemos, esta sustancia está tan presente en nuestra vida diaria que nos impacta de muchas maneras.

Serotonina bajo la lupa

La medición de serotonina no es una práctica habitual y se realiza por indicación médica. Además, no es fácil medirla directamente en el cerebro, que es donde más influye. No obstante, la ciencia recurre a diversos métodos para estimar su cantidad.

La manera más común es a través de un análisis de sangre que permite calcular cuánta serotonina circula

74

en nuestro cuerpo, pero no refleja con exactitud la cantidad que hay en el cerebro. También es posible recurrir a un análisis de orina en busca de la concentración de ácido 5-hidroxiindolacético (5-HIAA), que es la sustancia que se forma cuando el organismo descompone la serotonina.

En caso de que se requiera información más detallada sobre los niveles de serotonina en el sistema nervioso central, que es donde se produce principalmente, se puede hacer un análisis del líquido cefalorraquídeo. Este método solo se usa en casos extremos porque es muy invasivo. Para llevarse a cabo, requiere de una punción lumbar para la toma de la muestra.

Por otro lado, los médicos a veces usan pruebas indirectas para evaluar el efecto de la serotonina. Por ejemplo, pueden evaluar síntomas relacionados como cambios en el estado de ánimo, problemas para dormir o digestivos. También recurren a cuestionarios para evaluar el estado emocional y determinar si la serotonina se encuentra fuera de equilibrio.

Bien regulada

Niveles normales de serotonina nos conducen al bienestar y el equilibrio. Este neurotransmisor nos relaja sin la necesidad de que estemos en la búsqueda de algo externo. Nos sentimos con más energía y en armonía, lejos del estrés y la ansiedad, contentos con lo que tenemos material y emocionalmente. Esto repercute de manera directa en nuestra salud, que se ve beneficiada por ese refuerzo anímico que favorece al sistema inmune.

La serotonina equilibrada también nos ayuda a sentirnos agradecidos, amados y a tener una buena autoestima. Además, nos facilita mantener estable nuestro estado de ánimo, lo cual evita esos cambios bruscos que nos pueden hacer sentir eufóricos un minuto y tristes al siguiente.

Las cifras bajan

Las razones más frecuentes por las que los niveles de serotonina pueden bajar son, primero, que tu cuerpo no produzca la cantidad suficiente y, segundo, que tu cuerpo no use la serotonina de manera eficiente.

Esto último puede deberse a que no tengas la cantidad necesaria de receptores o a que estos no funcionen como deben.

Cuando la serotonina manifiesta niveles irregulares, estamos más sensibles, nos afectan fuertemente las críticas y dejamos de sentirnos satisfechos, lo que nos lleva a la tristeza.

Es posible que, en concentraciones bajas, la serotonina genere trastornos de ansiedad y depresión que, a su vez, afecten nuestro apetito, nos vuelvan malhumorados, irritables y hasta agresivos. Además, pueden ocasionarnos insomnio o repercutir en la calidad de nuestro sueño.

Una deficiencia de serotonina también provoca problemas cognitivos significativos, lo que impacta en la memoria, la concentración y el aprendizaje, debido a que este neurotransmisor desempeña un papel clave en la comunicación entre las células cerebrales y en la regulación de la plasticidad cerebral, esencial para aprender y formar memorias.

La serotonina es clave para nuestra regulación emocional.

Como resultado, las personas con bajos índices de serotonina son propensos a padecer dificultades para enfocarse en sus tareas, olvidar información reciente o sentir que sus pensamientos son confusos o lentos. Estos déficits cognitivos a menudo están asociados con trastornos del estado de ánimo como la depresión, un cuadro donde los síntomas emocionales y cognitivos interactúan negativamente.

Si bien la depresión puede ser multifactorial,
niveles bajos de serotonina se asocian con este trastorno.

Los excesos perjudican

Por ser el neurotransmisor de la felicidad, podríamos pensar que, a más serotonina, estaremos más contentos. Sin embargo, en ocasiones los excesos son perjudiciales y no nos ocasionan la alegría esperada. Si los niveles de serotonina están demasiado elevados, podemos sentirnos sobreestimulados, lo que nos ocasionará nerviosismo, agitación o incluso episodios de ansiedad.

En casos extremos, podemos desarrollar el síndrome serotoninérgico. Esta grave afección, que podría llegar a ser mortal, es causada por el exceso en el consumo de medicamentos con serotonina y de drogas como éxtasis y LSD. Provoca síntomas graves como fiebre, espasmos musculares, temblores y confusión mental. Es una condición peligrosa y requiere atención médica inmediata.

La dimensión médica

Cuando el desequilibrio de serotonina en nuestro organismo es severo repercute no solo en el bienestar emocional, sino también en la capacidad funcional de las personas, quienes pueden experimentar desesperanza, ataques de pánico recurrentes o incluso pensamientos suicidas.

Comprender el impacto de este neurotransmisor es esencial para abordar estas patologías desde un enfoque médico integral, el cual incluye desde terapias farmacológicas hasta inhibidores selectivos de la recaptación de serotonina (ISRS) y estrategias psicoterapéuticas.

La serotonina está ligada a las siguientes enfermedades:

- Depresión: los niveles bajos de serotonina en el cerebro han sido históricamente vinculados con la depresión, aunque esta relación es más compleja de lo que inicialmente se pensaba. Investigaciones recientes sugieren que la depresión es una enfermedad multifactorial en la que intervienen aspectos genéticos, psicológicos y sociales. Dicho de otro modo, a menor serotonina mayor disposición a sufrir cuadros depresivos; sin embargo, ya no se considera un elemento determinante por sí solo y, para su tratamiento, se requiere un enfoque más integral.

- **Trastorno de ansiedad:** la serotonina actúa en múltiples regiones del cerebro asociadas con la ansiedad, como la amígdala y la corteza prefrontal, de modo que los niveles de este neurotransmisor influyen en la respuesta al estrés y en la regulación emocional. Los estudios han mostrado que niveles bajos de serotonina están asociados con trastornos de ansiedad como el trastorno de ansiedad generalizada, el trastorno de pánico y el trastorno obsesivo-compulsivo. Al igual que con la depresión, a pesar de que la serotonina es clave, existen otros factores, como los genéticos, ambientales y psicológicos, que también interactúan con el sistema serotoninérgico para influir en la ansiedad. Este sistema, que se encarga de la producción, liberación y respuesta a la serotonina a nivel neuronal, es también el encargado de los transportadores y receptores, así como de la activación o inhibición de este neurotransmisor en el cuerpo. Por ello, el tratamiento suele requerir un enfoque multidisciplinario que combina psicoterapia, medicamentos y cambios en el estilo de vida.

Factores de desequilibrio

Además del estrés, la privación del sueño y la alimentación, existen otras variables que pueden alterar la cantidad de serotonina en el organismo.

- **Genética:** algunas personas tienen condiciones hereditarias que las hacen propensas a niveles bajos de serotonina, lo que puede aumentar el riesgo de depresión o ansiedad.
- **Consumo de alcohol en exceso o drogas:** el abuso de alcohol puede interferir con los niveles de serotonina a largo plazo. Lo mismo ocurre con el consumo de drogas. Aunque en un principio estas sustancias pueden hacernos sentir bien, su consumo incide negativamente en el equilibrio de este neurotransmisor y ocasiona otros problemas de salud.

● **Sedentarismo:** llevar un estilo de vida poco activo, sin hacer ejercicio, puede reducir los niveles de serotonina. La actividad física frecuente ayuda a que el cerebro libere esta sustancia; así que, si pasamos mucho tiempo quietos, es probable que notemos una bajada en nuestro estado de ánimo.

Si te gusta ver televisión, trata de incorporar rutinas de ejercicio para no caer en una vida demasiado sedentaria.

- **Cambios hormonales:** las fluctuaciones hormonales durante la menstruación, el embarazo o la menopausia pueden cambiar, en algunas mujeres, la cantidad de serotonina en el cerebro, lo que influiría en el estado de ánimo.
- **Medicamentos:** los antidepresivos, conocidos como ISRS, están diseñados para aumentar los niveles de serotonina en el cerebro al evitar que se reabsorba tan rápido. No obstante, otros, como los usados para tratar el insomnio o la ansiedad, pueden interferir en la forma en que tu cuerpo procesa la serotonina.

Evita consumir medicamentos sin prescripción médica. Pueden tener efectos colaterales que desconoces.

Test: ¿Serotonina en equilibrio?

Esta prueba está diseñada para que sondees los niveles de serotonina en tu organismo. Responde con sinceridad y recuerda que no es un diagnóstico médico ni sustituye una evaluación profesional, pero puede darte indicios útiles para identificar algún desequilibrio. Tómalo como un punto de partida para reflexionar sobre tu salud.

1.

Últimamente, ¿cómo te has sentido a nivel emocional?

a.	Alegre y con control sobre mis emociones.
b.	A veces bien, a veces mal; me cuesta mantener el ánimo.
c.	Triste, irritable o muy ansioso.

2.

¿Cómo has dormido en las últimas semanas?

a. Duermo bien y siento que he descansado.

b. Duermo, pero me despierto varias veces en la noche.

c. Me cuesta mucho dormir o tengo insomnio.

3.

¿Te sientes con energía durante el día?

a. Sí, tengo energía y puedo hacer lo que necesito.

b. A veces me siento cansado sin razón aparente.

c. Me siento agotado todo el tiempo, incluso cuando duermo bien.

4.

¿Cómo ha estado tu apetito?

a. Normal, como siempre.

b. A veces como de más, otras veces no tengo hambre.

c. Como mucho más de lo normal o casi no tengo apetito.

5.

¿Cómo te sientes con tu vida social?

a.	Me siento bien interactuando con otras personas.
b.	A veces me cuesta socializar o me siento incómodo en reuniones.
c.	No tengo ganas de ver a nadie o me siento muy ansioso al hacerlo.

6.

¿Has sufrido dolores de cabeza o migrañas?

a.	No, casi nunca.
b.	De vez en cuando, pero nada grave.
c.	Sí, he tenido bastantes dolores de cabeza últimamente.

7.

¿Te has sentido estresado o bajo presión últimamente?

a.	No mucho, puedo manejar el estrés.
b.	A veces me siento un poco abrumado.
c.	Sí, me siento constantemente estresado o ansioso.

8.
¿Cómo has sentido tu digestión?

a. Normal, sin problemas.

b. A veces tengo molestias estomacales o digestivas.

c. Con frecuencia, tengo problemas de digestión como estreñimiento o diarrea.

9.
¿Tienes pensamientos negativos o preocupaciones recurrentes?

a. No, en general me siento positivo.

b. A veces tengo preocupaciones, pero no todo el tiempo.

c. Sí, tengo muchos pensamientos negativos o preocupaciones.

10.
¿Cómo te sientes al hacer ejercicio o bailar?

a. Me gusta hacer ejercicio o bailar, me siento bien haciéndolo.

b. A veces me da flojera, pero cuando lo hago me siento mejor.

c. Me cuesta encontrar motivación para bailar o hacer ejercicio.

CUANDO LAS ALERTAS SE DISPARAN

Resultados

Mayoría de respuestas A

Tus niveles de serotonina parecen estar equilibrados. Te sientes bien emocional y físicamente. Aunque puede haber días malos, en general, todo está bajo control.

Mayoría de respuestas B

Puede que tu serotonina esté un poco desequilibrada. En ocasiones te sientes bien, pero otras no tanto. Mantener una buena alimentación, hacer ejercicio y un sueño de calidad podría ayudarte a mejorar estos altibajos.

Mayoría de respuestas C

Es probable que tu serotonina esté bastante alborotada. Si estás constantemente estresado, triste o cansado, puede que necesites hacer cambios en tu rutina diaria o consultar con un profesional de la salud para averiguar qué te está pasando.

Un caso para analizar

Jorge estaba abrumado por las exigencias de su trabajo como médico internista. Pero se sentía incluso más presionado por su familia. «¿Cómo un joven médico en sus treintas aún vive en la casa familiar?» era la pregunta que flotaba en el aire. Para él, la respuesta era una mezcla de circunstancias: no tenía novia, le gustaba estar con sus padres y su hermana menor, además de que significaba un ahorro para él. Por último, el hospital donde trabaja le queda cerca de casa. Sin embargo, nadie de su entorno parecía entenderlo y eso lo hacía sentirse juzgado.

Por un lado, sus padres siempre le recriminaban su ausencia en las actividades familiares los fines de semana, eventos que Jorge prefería evitar para no escuchar indirectas incómodas. Por el otro, sus guardias eran extensas y muchas veces faltaban manos en la sala de emergencia. Además, en el hospital, la posibilidad de ser despedido siempre estaba latente y sus compañeros eran tan distantes que no sentía apoyo.

A Jorge, todo esto le creó inseguridades y empezó a tomar decisiones erráticas. Dejó de ir a casa unos días para estar solo. Como no les avisó, sus padres y hermana estaban angustiados, ya que se imaginaban lo peor. También cambió su estado de ánimo y se volvió más taciturno, a veces incluso conflictivo. De ser un tipo cariñoso y entrañable, poco a poco se tornó en una versión desentendida y fría de sí mismo. De igual modo, su cuerpo, antes lleno de vitalidad, respondió con problemas estomacales y estreñimiento, ambos padecimientos nuevos para él.

Pese a ser médico, no se había percatado de que detrás de ese malestar físico se escondía un desequilibrio químico: su serotonina había disminuido de forma considerable. Confrontado ante esta realidad después del diagnóstico de un colega, Jorge buscó un nuevo trabajo donde, si bien le pagaban menos, le ofrecían la estabilidad que necesitaba. Esa tranquilidad inició un flujo positivo de serotonina en su organismo y comenzó a recuperarse.

Jorge aún vive con sus padres y su hermana, y aunque todavía recibe comentarios incómodos, su actitud ha cambiado y los malos momentos quedaron de lado. Esa apertura y la serotonina renovada le han ayudado a dar otro paso: tiene una nueva novia. Esto ha llegado con nuevos amigos, nuevos entornos y nuevos espacios para que la serotonina haga su trabajo reparador en su organismo.

Tu especialista de cabecera dice

TONY ROBBINS

Es autor, entrenador y orador motivacional estadounidense. Ha ganado fama por sus seminarios y sus obras de autoayuda como *Poder sin límites* y *Despertando al gigante interior*. Sostiene que:

La serotonina es un ejemplo de cómo la bioquímica del cuerpo responde a la fisiología y el estado mental. Si controlamos nuestra mente y cuerpo, podemos influir positivamente en la producción de serotonina y, por ende, en nuestra felicidad

ROBERT M. SAPOLSKY

El respetado neuroendocrinólogo y primatólogo, autor de *Compórtate*, *Memorias de un primate* y *Decidido*, expresa reservas ante el entusiasmo generado por este tema:

> La serotonina no es la "hormona de la felicidad", como a veces se presenta. Es una molécula compleja que puede tanto aumentar como disminuir la agresión y regular el estado de ánimo en una variedad de direcciones

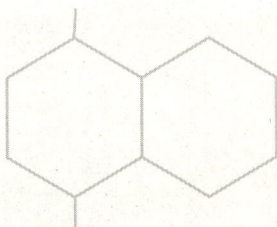

CAPÍTULO

4

EQUILIBRIO
Y
bienestar

Serotonina en balance

El balance entre la serotonina y las otras hormonas y neurotransmisores es fundamental para tu bienestar general. Recuerda que el cuerpo humano es una red interconectada de sistemas que trabajan juntos y cuidar tu salud hormonal es cuidar tu salud integral. Cuando tus hormonas están en armonía, no solo te sientes mejor emocionalmente, sino que también estás más preparado para enfrentar los desafíos de la vida diaria con energía y con una actitud más positiva.

¿Qué estimula su producción?

Al estar directamente relacionada con tu estado de ánimo, elevar tu serotonina requiere de un cambio en tu estilo de vida. Los especialistas han hallado varias alternativas que podemos incorporar a la rutina para enseñarle a nuestro cuerpo a aumentarla. Elige la que te resulte mejor.

EJERCICIO DIARIO

Caminata rápida o *running* entre treinta y sesenta minutos, de tres a cinco veces por semana.

Yoga entre veinte y treinta minutos diariamente o, al menos, cuatro veces por semana. Combinar posturas con respiración profunda y meditación reduce el estrés y mejora el estado de ánimo.

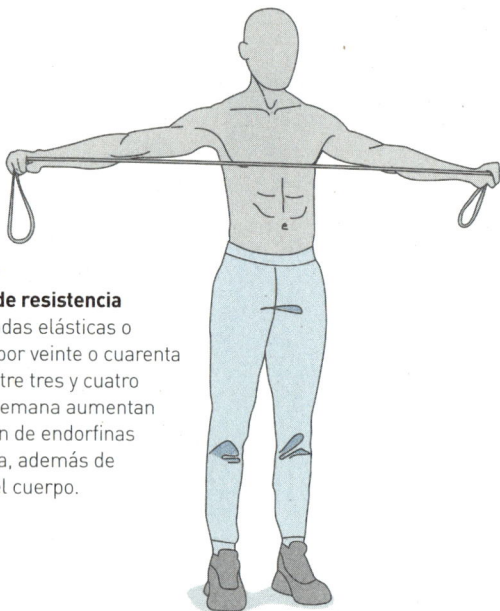

Ejercicios de resistencia
(pesas, bandas elásticas o
calistenia) por veinte o cuarenta
minutos entre tres y cuatro
veces por semana aumentan
la liberación de endorfinas
y serotonina, además de
fortalecer el cuerpo.

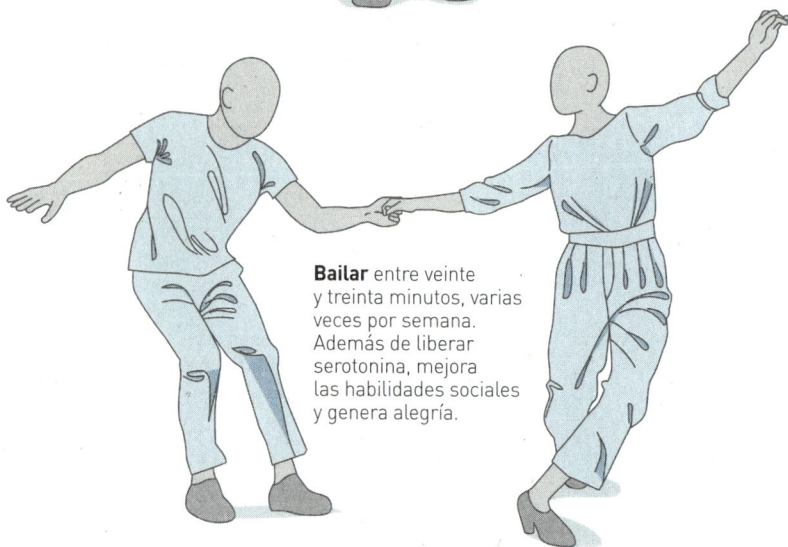

Bailar entre veinte
y treinta minutos, varias
veces por semana.
Además de liberar
serotonina, mejora
las habilidades sociales
y genera alegría.

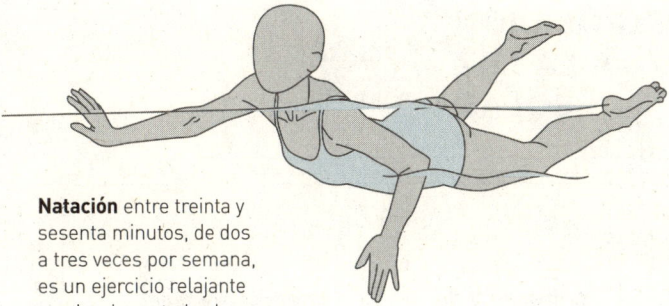

Natación entre treinta y sesenta minutos, de dos a tres veces por semana, es un ejercicio relajante que involucra todo el cuerpo y favorece un mejor equilibrio emocional.

Andar en bicicleta entre treinta y sesenta minutos, tres veces por semana o más.

EXPOSICIÓN A LA LUZ SOLAR

Actividades al aire libre como caminatas matutinas, yoga, desayunar o leer en un balcón o terraza.

Exposición directa de diez a treinta minutos al día, entre las 8:00 y las 10:00 horas o después de las 16:00, para evitar la radiación solar intensa.

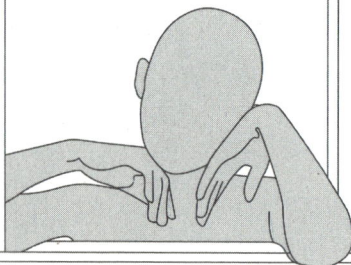

DIETA VARIADA

Se debe seguir una dieta variada, que incluya alimentos como salmón, huevos, tofu y piña, que son ricos en triptófano, un aminoácido esencial que contribuye en la producción de la serotonina. Además, se recomienda escoger los que tengan otros nutrientes como carbohidratos complejos, vitaminas B, omega-3, magnesio y antioxidantes.

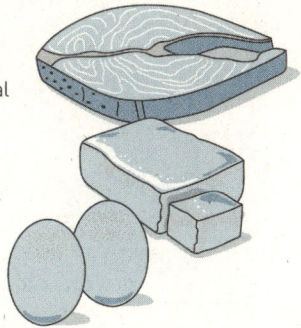

NO SALTARSE LAS COMIDAS

Saltarse comidas puede provocar antojos de carbohidratos simples. Mantén un horario regular de alimentación para evitar desequilibrios. Empieza las mañanas con un desayuno alto en proteínas para balancear tus niveles de azúcar en sangre.

EVITAR LOS CARBOHIDRATOS SIMPLES

1

Entender la diferencia. Debemos evitar los carbohidratos simples, como:

Y, por otro lado, incluir en nuestra dieta los carbohidratos complejos, como:

✕ Azúcar refinado (dulces, refrescos, postres).

✕ Harinas refinadas (pan blanco, pastas no integrales, pasteles).

✕ *Snacks* procesados (galletas, barras energéticas industriales).

✔ Cereales integrales (avena, arroz integral, quinua).

✔ Verduras ricas en almidón (camote, yuca).

✔ Legumbres (lentejas, garbanzos, frijoles).

2

Debemos sustituir los carbohidratos simples por complejos.

Cambia el pan blanco por pan integral o de centeno.

Sustituye el arroz blanco por arroz integral o quinua.

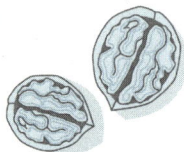

Prefiere *snacks* como frutos secos y semillas en lugar de galletas.

RESPETA LAS HORAS DE SUEÑO Y DESCANSO

Crea un ritual de relajación nocturna como leer un libro (evita pantallas), tomar un baño tibio, practicar meditación o respiración profunda.

Evita alimentos pesados, cafeína y alcohol al menos cuatro horas antes de acostarte.

Establece un horario fijo de sueño.

Practica actividad física moderada.

Mejora tu entorno de descanso.

Maneja el estrés.

Otros caminos posibles

Las técnicas de relajación son herramientas poderosas para reducir el estrés y aumentar los niveles de serotonina al promover un estado de calma y bienestar. Aquí algunas técnicas efectivas:

- **Técnicas de relajación:** prácticas como la meditación, la respiración consciente y el *mindfulness* permiten reducir la ansiedad y el estrés. Cuando esto ocurre, nuestro cuerpo puede enfocarse más en producir neurotransmisores como la serotonina.

- **Gratitud y pensamientos positivos:** cuando practicamos la gratitud, es decir, enfocamos la mente en lo positivo y en lo que nos hace sentir agradecidos, el cerebro puede generar más serotonina.

- **Terapias creativas:** expresar nuestros pensamientos y sentimientos ayuda a liberar tensiones. Por eso, el arte-terapia, como pintar, dibujar o hacer manualidades, es una excelente alternativa. También puedes escribir un diario. ¡Deja volar la imaginación!

- **Terapias complementarias:** la aromaterapia nos puede ayudar a reducir tensiones, al igual que la terapia de luz natural. Darnos un baño relajante con sales de magnesio o aceites esenciales contribuye a que nuestro cuerpo esté listo para producir serotonina.

- **Un poquito de todo:** escuchar la música que te gusta, salir y disfrutar de la naturaleza o reír podrían ser grandes aliados para equilibrar nuestra serotonina. ¡Pequeños hábitos con grandes resultados!

El aceite esencial de lavanda ayuda a balancear la serotonina, lo que favorece nuestro balance emocional y el sueño.

El ritmo cardiaco y la serotonina

Un aspecto poco conocido es el papel de la serotonina en la regulación del ritmo cardiaco y el sistema cardiovascular.

El ritmo cardiaco, determinado por las contracciones del corazón, está controlado principalmente por el sistema nervioso autónomo y el nodo sinoauricular, conocido como el «marcapasos natural» del corazón. El estrés, la actividad física, el descanso y otros factores modulan este ritmo, influyendo en la frecuencia cardiaca. Los estudios han demostrado que la serotonina impacta en la vasoconstricción y la vasodilatación, repercutiendo en el ritmo cardiaco al regular el flujo sanguíneo y la presión arterial.

Este mecanismo, sin embargo, puede ser un arma de doble filo, puesto que es posible que niveles elevados de serotonina contribuyan con ciertas condiciones como la hipertensión pulmonar. Comprender el papel de la serotonina en la regulación de la frecuencia cardiaca es crucial para sus implicaciones terapéuticas. Algunos fármacos que intervienen en

la serotonina, como los antidepresivos ISRIS, pueden tener efectos secundarios cardiovasculares, como alteraciones de la frecuencia cardiaca y la presión arterial. Por ello, es esencial un enfoque cuidadoso y multidisciplinario para evaluar los riesgos potenciales, además de consultar con tu médico antes de empezar a tomar un medicamento.

Estudios recientes han identificado que los desequilibrios en los niveles de serotonina están asociados con arritmias y otras disfunciones cardiovasculares, lo que subraya su relevancia en la homeostasis del ritmo cardiaco.

La serotonina no solo actúa a nivel cerebral, también es un importante vasodilatador que influye en nuestra salud cardiovascular.

Test: Experto en serotonina

Es hora de poner a prueba nuestros conocimientos. Con estas diez preguntas, descubrirás cuánto has aprendido sobre la serotonina.

1.
¿Qué es la serotonina?

a. Un tipo de azúcar que nos da energía.

b. Un neurotransmisor que regula el ánimo.

c. Una hormona que controla el miedo.

2.
¿Dónde se produce la mayor parte de la serotonina en el cuerpo?

a. En el cerebro.

b. En el corazón.

c. En el intestino.

3.

¿Qué actividad puede ayudar a aumentar tus niveles de serotonina?

a. Ver televisión durante horas.

b. Tomar el sol y hacer ejercicio.

c. Realizar ejercicio intenso.

4.

¿Qué papel juega la serotonina en el sueño?

a. Regula el ciclo de sueño y vigilia.

b. Nos hace sentir siempre cansados.

c. No tiene ninguna relación con el sueño.

5.

¿Qué puede pasar si los niveles de serotonina son bajos?

a. Aumenta nuestra energía.

b. Hay más riesgo de depresión.

c. Te vuelves más creativo.

6.
¿Qué alimentos ayudan a elevar la serotonina?

a. Comida rica en fósforo y potasio.

b. Alimentos ricos en triptófano.

c. Refrescos sin azúcar y papas fritas.

7.
¿Qué efecto tiene la serotonina en el estado de ánimo cuando está regulada?

a. Produce calma y felicidad.

b. Origina episodios de mal humor y agresividad.

c. Conduce a picos de ansiedad.

8.
¿Qué relación tiene el ejercicio con la serotonina?

a. No tiene ninguna relación.

b. Ayuda a incrementarla.

c. Permite disminuirla.

9.

¿Qué pasa con la serotonina cuando cae la noche?

a. Se deshecha por la orina.

b. Produce insomnio.

c. Se convierte en melatonina.

10.

¿Cuál de las siguientes actividades mejora los niveles de serotonina?

a. Meditar o practicar *mindfulness*.

b. Dormir menos horas en la noche.

c. Comer solo dulces y *snacks*.

Respuestas:

1 → B
2 → C
3 → B
4 → A
5 → B
6 → B
7 → A
8 → B
9 → C
10 → A

Puntuación:

RESPUESTAS
CORRECTAS
↓

8-10

EXPERTO

Conoces a la perfección cómo esta sustancia influye en nuestro estado de ánimo, sueño y salud en general. ¡Muy bien!

AMPLIO CONOCIMIENTO

Ya tienes una idea de lo que es la serotonina, pero podrías aprender mucho más para mejorar tu bienestar. Hora de investigar más.

PRINCIPIANTE

Parece que la serotonina todavía es un misterio para ti. Descuida, tienes la oportunidad de aprender más sobre cómo puede influir en tu vida diaria. ¡Anímate a seguir indagando!

Tu especialista de cabecera dice

ANTONIO DAMASIO

El reconocido neurocientífico luso-estadounidense, a quien ya citamos, afirma lo siguiente:

La serotonina, junto con otros neurotransmisores como la dopamina, es esencial en la construcción de lo que llamamos *conciencia emocional*, ayudando a que los estados mentales se conecten con los estados corporales

DEEPAK CHOPRA

Reconocido autor y conferencista que se ha erigido como uno de los nombres más populares de la medicina alternativa y el bienestar holístico. Ha publicado libros como *Las siete leyes espirituales del éxito* o *El libro de los secretos*. Sostiene lo siguiente:

La serotonina es un químico cerebral que promueve la felicidad. Mantener un equilibrio en su producción es esencial para experimentar paz y bienestar en la vida diaria

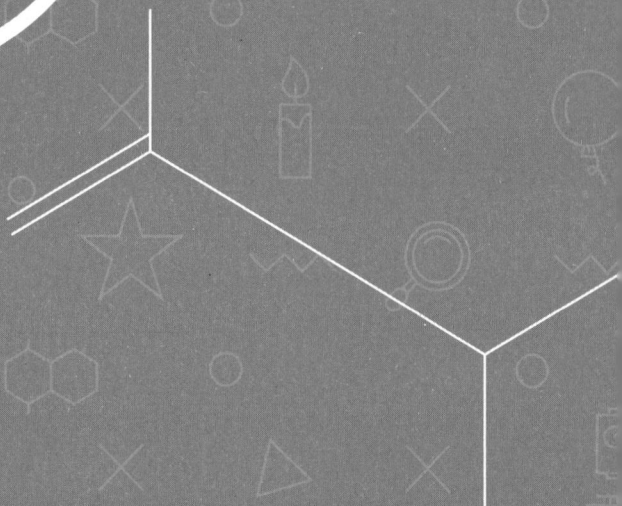

PARA

crear

Doce pasos hacia la química de la felicidad

Hemos hablado muchísimo sobre cómo influyen las hormonas y los neurotransmisores en nuestro organismo y estado de ánimo. También de cómo su equilibrio nos pone —o no— en un estado pleno, de calma, relajación o felicidad. Por tal motivo, hemos preparado una lista de pasos para que los tengas en cuenta y los apliques en tu día a día para lograr el balance entre estos químicos indispensables del cuerpo que son tus grandes aliados para alcanzar una sensación de plenitud y bienestar.

1

RÍE

Busca a tu pareja, amigos, familia, vecinos y comparte risas, anécdotas y momentos agradables. La risa aumenta el consumo de energía y la frecuencia cardiaca en aproximadamente 10 y 20%. Se estima que se llegan a quemar entre diez y cuarenta calorías por cada diez minutos de risas.

2

MEDITA

↓

Es la forma más efectiva para reducir la ansiedad y el estrés. También ayuda a liberar las sensaciones negativas y a gestionar mejor las emociones, lo que te llevará a sentir paz y seguridad contigo mismo. Físicamente, contribuirá a disminuir tu presión arterial y te hará dormir mejor.

3

DUERME Z Z Z

4

**HAZ
EJERCICIO
FÍSICO**

De siete a nueve horas es lo recomendable para descansar lo suficiente. El sueño ayudará a tu cerebro a recuperarse del día a día, a desempeñarse mejor, tomar decisiones más acertadas, establecer mejores relaciones con otras personas, etc. Y no solo eso, también te sentirás más optimista.

Es la manera más eficiente en la que sentirás bienestar y felicidad, dado que el cuerpo libera gran cantidad de endorfinas, serotonina y dopamina. Además, la actividad física también disminuirá el estrés porque reduce el cortisol, te vuelve más sociable, aumenta tu sentido del orden y conecta el cuerpo con la mente.

5

COME SANO

De esta manera, aumentarás los niveles de dopamina en el cuerpo y recibirás los nutrientes necesarios para el correcto funcionamiento del cerebro y el sistema nervioso.

6

CUMPLE OBJETIVOS

↓

El sentimiento de felicidad que se experimenta al alcanzarlos te motivará más, te dará seguridad y confianza en ti mismo. Conseguir algo que realmente deseas es una de las satisfacciones más intensas que existen.

7 ABRAZA

El contacto físico con afecto mejora la autoestima, reduce el estrés, atenúa el estado de ánimo negativo y aminora la percepción de conflicto contigo mismo y con todos los que te rodean. Asimismo, contribuye a alejar la ansiedad y te brinda el alivio de sentirte como en un refugio.

8 Baila

En la soledad de la cocina, acompañado en una gran fiesta o con tu pareja. No solo liberarás dopamina y serotonina, sino que, además, oxigenarás el cerebro. Gracias a eso, se generan nuevas conexiones neuronales.

9

TOMA EL SOL

Es la única forma en
la que el cuerpo produce
vitamina D. Esto mejora
el ánimo, disminuye
la presión arterial,
fortalece los huesos,
músculos e incluso
el sistema inmunitario.
Eso sí, ten en cuenta
que debes hacerlo con
moderación y con
la protección necesaria.

AYUDA A ALGUIEN

Las buenas acciones traen como recompensa el aumento de la satisfacción en la vida, mejoran el estado de ánimo y bajan los niveles de estrés. Esto te hará sentir valorado, reafirmará tus relaciones interpersonales, fortalecerá tus vínculos y generarás confianza y gratitud.

10

11

CONECTA CON LA NATURALEZA

En general, salir a pasear
por la playa, un bosque,
la selva, una duna desierta
o por espacios verdes,
te hará más feliz.
Los sentidos se estimulan,
te llenas de paz,
armonía y te conectas
más con la vida.

12

AGRADECE

Te permitirá ser más consciente de los aspectos no materiales de la vida. El sentimiento de gratitud está íntimamente relacionado con la satisfacción personal, la salud mental, el optimismo y la autoestima. Asimismo, agradecer te permitirá conocerte mejor y gestionar de manera más adecuada las relaciones sociales.

COMPROMISOS

PARA MI BIENESTAR

En el capítulo 4, hemos explicado cómo mantener el equilibrio. Considerando esa información, sería ideal poner en blanco y negro tus compromisos personales de cara al futuro.

¿Qué quieres hacer de ahora en adelante? ¿Tal vez sonreír más o alimentarte de manera balanceada?

○ ....
....

○ ....
....

○ ....
....

○ ....
....

○ ....
....

○ ....
....

ACCIONES

El camino para mantener nuestros compromisos y lograr nuestros objetivos está hecho de pequeñas acciones cotidianas que marcan la diferencia. La clave está en el cambio: ¿qué modificaciones concretas piensas hacer en tu vida para alcanzar los compromisos que anotaste en la página anterior?

Un gran cambio puede ser acostarte una hora más temprano o meditar diez minutos por las mañanas. **¡La ruta la haces tú!**

LOS SERES
QUE ELEVAN
LOS QUÍMICOS

DE MI FELICIDAD

Las relaciones con otras personas son tan importantes para nuestra salud como comer bien o hacer ejercicio. Esos vínculos nos dan contención, apoyo, cariño y seguridad, lo que es vital para nuestro equilibrio emocional. Por eso, es fundamental tener presente quiénes son.

Escribe sus nombres
y añade un agradecimiento
para ellos por estar
en tu vida.

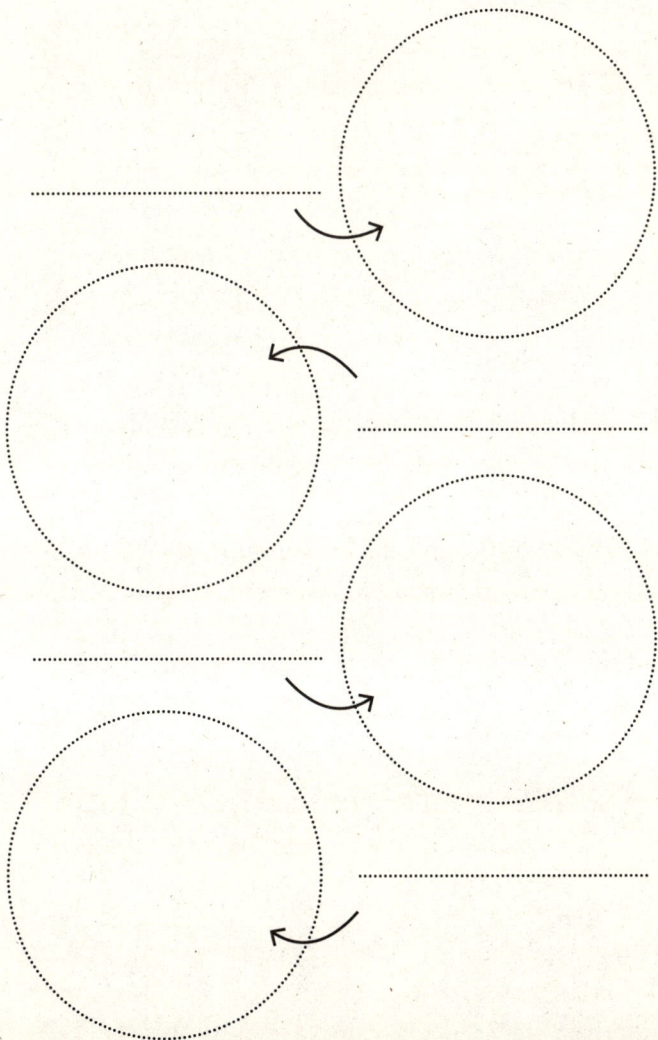

TU ESPECIALISTA DE CABECERA DICE

EL DALÁI LAMA

El líder espiritual del budismo tibetano tiene como una de sus principales misiones animar a las personas de todo el mundo a ser felices. Para lograrlo, trata de ayudarlas a comprender que, si sus mentes están alteradas, la comodidad física por sí sola no les traerá paz, pero si sus mentes están en paz, nada los perturbará. Además, promueve valores como la compasión, el perdón, la tolerancia, la satisfacción y la autodisciplina.

> La felicidad no es algo que ya está hecho, emana de nuestras propias acciones

Y tú... ¿ya decidiste qué harás hoy para construir tu felicidad?